信笔抒怀

葛守信城市建筑绘画

葛守信　著

中国建筑工业出版社

序言

PREFACE

在我国有许多老建筑师们，他们为国家的建筑事业奉献了一辈子，人到老年仍然初心不泯。

葛守信先生就是其中一位杰出的人物。他大学就读于南京工学院（现东南大学）建筑系，建筑绘画师从于名师，基本功深厚。毕业后来到中国建筑西北设计研究院，很快就崭露头角，成为全院闻名的画手，凡他执笔的建筑表现图都得到了领导、甲方的认可。难能可贵的是他为人诚恳、谦逊，年轻人纷纷向他请教，由此他带出了一批高徒，其中有的已成为我国建筑画界的领军人物。

今天我们欣喜地见到了葛守信先生的这本精美的画册，感受到了老年建筑师们的豪情壮志，他虽然退休多年，现已年逾八十，对于建筑学专业和建筑画仍然孜孜求索，感人至深。他的这本著作具有三大特点：一、画作反映了作者具有深厚的建筑专业学养和绘画艺术的修养，作风严谨、细腻，注重比例尺度和建筑内涵的表达。二、画作既有水彩画清新流畅的韵味，又具油画色彩的层次感和对物质感的精确把控。三、画作采用多种绘画技法，不拘泥于固定的模式，因而善于表现不同的题材、不同的空间情景、捕捉稍纵即逝的效果，获得生动活泼的画面。

预祝葛守信先生的画作能受到广大艺术爱好者的喜爱，也希望这些画作为我国年轻的建筑师和建筑画爱好者提供有益的借鉴。

张锦秋、韩骥

2023 年 10 月 19 日

葛守信

1941 年出生于四川

1964 年毕业于南京工学院建筑系

1964—1991 年，中国建筑西北设计研究院室主任建筑师、院副总建筑师

1991 年，海口城建开发总公司总工程师，兼南方建筑设计院总建筑师

1996 年，海口市政府副总规划师，南方建筑设计院顾问总建筑师

中国建筑学会第九届理事，中国建筑工业出版社《建筑画》编委，现为国家特许一级注册建筑师

我的建筑观

MY VIEW ON ARCHITECTURE

建筑反映时代的进步，时代赋予建筑新的内涵。

代表一个时代的建筑，具有永恒的生命，不会因时代变迁而遭淘汰。

优秀建筑作品能经受时间的考验，百年后能为世人承认。可尊为盖世佳作、千年不减风骚的，一定为传世瑰宝。

建筑创作受文化渊源、地域特征、建筑材料、工程技术等多种因素的制约，从古至今留下了风格迥异的优秀作品。尽管当今世界已步入信息时代，但不同国家的建筑发展仍然走向多元化，这足以证明建筑深受文化渊源的影响。建筑理论来源于创作实践，善于领悟理论精华，长于提炼实践经验正是一个建筑师得道的阶梯。

建筑师的修养是多方面的，而加强对环境的深层次的理解和对整体的把握是最为重要的。

前言

FOREWORD

我的水粉画 · 建筑画

晚年的攀登

绘画与我结缘要追溯到上初中的时候，我的班主任朱锦辉老师，也是我的美术老师。第一堂美术课是画大拇指，我正比画着左手的姿势，用6B铅笔依照明暗变化描绘，觉得挺像，忽然发现朱老师正站在我的身后，轻声对我说："不要着急，慢慢画。"在我画完后，朱老师特地给我涂上了背景色，我顿时感觉到画中的手神奇般地腾空了！我浮想翩翩，从心底爱上了绘画。第二天我在校园宣传窗中看到了我的画，老师给出了最高分5+，我明白那个加号是朱老师的神笔。正在此时，朱老师笑着通知我，我被录取为美术兴趣小组成员，并指定为初一级小组长，每年级三人、共九人，我们这九人享受着优厚的待遇，每人每月4张铅笔画纸，绘图铅笔（HB、2B、4B）3支，一盒6色水彩，并告知我们画完后可以凭锡管兑换同种颜色。我们在周一、三、五的下午课余时间上美术课，完全按素描课程教授，所以我们的绘画水平得到了飞速进步。转眼间我上初二了，朱老师郑重通知我晋升为大组长，负责管理兴趣小组事务并协助老师做社会公益事业，写标语画宣传画，我的美术字和绘画水平有了不一般的进步。

1959年我如愿考上了东南大学（原南京工学院）建筑系，因为我在招生简章中看到建筑系要求学生有较好的美学基础，这很适合我。开学第一节美术课，丁传经老师给我们的画题是乐谱架，他声明乐谱架中部立杆居中，然后将其转了个角度，让大家照着画，不言而喻，目的是考察我们有没有透视学的基础，我在初中就有过训练，所以很快就画完了，遂举手示意，丁老师好奇地看了我一眼，满意地说："你去窗前画那只茶杯吧。"等我画完，丁老师已站在我的身后，他拿过画板出手给我收了几笔后用红铅笔写了个"留"字，第二天早上我走进学校的中走廊里，两侧展示着各年级同学的优秀作业，没想到这其中居然有我画的茶杯，高年级同学正在议论"这591班的葛守信是谁啊，刚刚入学他的作业就挂到橱窗中。"我心中窃喜，真该感谢朱先生对我的栽培。东南大学的校风历来严谨，重视基础训练，对待美术教学抓得更紧，年轻教师常常告诉新生们懂得要学好建筑学，美学是第一门槛。我的水彩老师是李剑晨先生，他最重视水彩画技巧训练，因此学生们可以很快成长，有人说李先生培养的是建筑师而不是画家，我觉得我们学的就是建筑学，这种教法无可厚非。想成为画家还要看悟性和努力的。

1964年毕业后我辗转来到了西北建筑设计院，在这里聚集了一大批各高校建筑系毕业的同事，大家都有相同的爱好——爱画，爱评论，"口无遮拦"，有良好的学术氛围。尽管当时很少有机会参与大的建筑项目，但是却有机会参与方案比选，所以，画建筑渲染图的机会很多。我习惯用水彩渲染，同事们劝我改用水粉渲染，因为水粉渲染有些像油画，更容易表达材料质感，作画色彩也更为丰富，故画面效果更生动，更具感染力。我更看好水粉渲染作图快捷、效率高，只要把握好一定的技巧，水粉渲染应当比水彩渲染更具有优越性。20世纪80年代之后，社会经济高速发展，全国上下夜以继日地赶工，建设规划管理部门忙于项目审批，开发商催着设计部门加班加点赶制报建文本，而手绘图成为关键，不仅要画得快，还要画得好。为了加快绘图进度，我总结了一套行之有效的作图程序，并制作了许多得心应手的绘画专用工具。1991年4月为了突击赶制《海口长堤路规划》渲染图，我仅用了一整天时间奇迹般地完成了画作，这幅作品后来入选1991年全国建筑画展并收录在1991年度《中国建筑画选》首页。回想当时的我有多么的“疯狂”！虽然现在我再也不能那么“疯狂”了，但是建筑画仍然是我老年生活的一部分。2022年，中建西北院的总建筑师屈培青教授希望我能在身体条件允许的情况下，出一本个人水粉画专集，以此画集献给后辈学者们。我觉得这是一件非常有意义的事，我要告诉年轻的建筑师们，建筑手绘图的前景开阔，手绘图的训练依然是建筑师艺术修养的加油站。

葛守信

目录

CONTENTS

壹

引言

INTRODUCTION

谈谈建筑画

建筑画是一种以建筑为主体的绘画，所表达的建筑具有地域特色、文化属性等要素，这些建筑可以是想象中的建筑，也可以是实际存在的建筑，建筑画内容包括建筑的整体、局部或群体空间。有人说建筑画就是建筑师的画，因为建筑师一见到感兴趣的东西，立马就用手中的笔速写下来，脑子一热就勾画出一个构思草图，甚至在睡梦中醒来也即刻把梦中的方案记录下来，生怕失去新鲜感。所以说建筑画是建筑师思维活动的记录，也是建筑师惯用的艺术语言。

中国画与西画有所不同，至少可以归结为两点：一、物象表达的艺术语言不同，中国画以线条语言为主，因而抽象，在二维空间表达时对于不同的面可以用线来划分；而西画则不然，二维空间务必用面的转折和明暗关系区分，故而具象。二、物象认识的理念不同，西画强调眼见为实，还原实景；而中国画强调心境，境界无边，艺术语境夸张。“飞流直下三千尺，疑是银河落九天”。一个要写实，一个要写意，中西绘画的表达手段也就不同了。在西方风景画中从未见过在山脚下湖中捕鱼而又能见到山顶上道人对弈的场景。西画是不可能把山下山上表达齐全的，正如苏东坡先生《题西林壁》诗云：“横看成岭侧成峰，远近高低各不同。不识庐山真面目，只缘身在此山中。”西画遵循科学透视原理，用一点、两点、三点透视法则表达景物，当然不识庐山真面目。而中国画不同，用散点透视的表达方法，用心观察山脚、山巅，如飞鸟般地上下左右不受约束，随心所欲做到情景交融，体现了艺术的夸张。

中国古代的建筑画虽然不同于中国山水画，但是理念是相同的。故宫博物院中藏有一幅宋代画家张择端所绘《清明上河图》，其绘画特点一是线绘，二是用散点透视，卷长523厘米，幅宽25.4厘米，绘画手法高超，充分表达了北宋汴梁的城市景观，反映了当时社会的经济、政治、民俗，是一件不可多得的绘画珍品，不仅具有极高的收藏价值，更是独具历史研究价值。这幅画作也提示我们建筑画还具有历史档案的功能，我在想，对于那些有影响的工程设计档案也应当把设计过程中的方案草图、手稿和建筑渲染图一并收入城建档案馆中。

中国高等院校的建筑学教学至今还保留了建筑画的教学科目，目的是培养学生的艺术修养，美术课从素描开始，初学者先画石膏立方块建立起初步的三维空间概念，而后循序渐进，画石膏头像、胸像或人体模型。我相信学生们都是这样走过来的，但未必所有的人都能意识到这种教学正是西画的训练方法。西画观察物象的准绳是透视学原理，起源于14世纪欧洲文艺复兴时期阿尔贝蒂的《论绘画》著述。据此可以用科学的方法去观察客观物象，并且能用作图法精准刻画物象，建立物象的三维立体模型。凡是学绘画艺术或是建筑学的人都必须懂得透视学原理，训练自己的“眼力”。中国的建筑学院校在教学中都安排了关于透视学的内容，据我所知学生对一点透视和两点透视是很熟悉的，因为画建筑画离不开这种方法，而三点透视虽然科学，能更为客观地表达三维空间的物象，但使用甚少。在我们抬头看高楼的时候，建筑的垂直方向线条是向着空中的灭点聚焦的，也就是说，这些垂直地面的线条看起来相互之间是不平行的，这给作图带来了极大的麻烦，所以很少有人用第三灭点作图，久而久之，这种科学作图的方法被弃用了。

老一辈建筑师童寯、杨廷宝、梁思成、吴良镛等先生不仅具备高超的建筑设计才能，他们的绘画水平也是超凡脱俗的。我们不能要求每一个建筑师都像画家那样练就一手绘画好功夫，但是必备的手头功夫仍然是每一个建筑师修养的重要方面。读过《杨廷宝全集》，你会注意到水彩卷最后一幅画《武夷宫宋桂》，作画时间是1980年12月5日，画中的用笔和用色依旧老道苍劲，堪称炉火纯青，那种对空间层次、虚与实的把握令人印象深刻，先生可以在常人司空见惯的物象中提炼出美来，我终于悟出了杨先生所说“处处留心皆学问”的深刻含义，他印证了一个道理：建筑大家的成就是毕其一生从点点滴滴学起来，做出来的。

建筑画的画法种类很多，新的画种还在不断地形成，我只能简略地介绍几种常用的画种，无非是说明建筑画发展到今天，在建筑学界备受关注，生命力旺盛，到大众喜欢。

一、铅笔画

常用于素描，是从事艺术的基础训练之一。铅笔的种类很多，包括绘图铅笔、彩色铅笔、水彩铅笔、炭铅笔等等。铅笔画的表现力很强，但要画好铅笔画却并不容易，有人说有纸有笔就可以画铅笔画，我不太赞成这种说法。俗话说工欲善其事，必先利其器，铅笔、纸张甚至橡皮都有讲究，铅芯质量要细腻，无夹杂细小颗粒，否则容易划伤纸面；笔杆木质要均匀，经严格挑选和处理便于切削而又能确保铅芯不会因用力过大而折断；纸张也是要讲究一些的，用重磅素描纸较好，纸质细腻而有韧性，不易皱折且耐摩擦。学习铅笔画始于素描，老师只是指点你对物象的描绘轮廓是否精准，明暗关系处理是否恰当，因此学生们评价画得好与不好的唯一标准就是像与不像。我认为这只是最低要求，铅笔画的优势重在感染力。缺乏感染力则不能称之为上品。

图一 扬州个园之一 钟训正绘

为了说明问题我专门找到了钟训正先生的四幅铅笔速写供大家观摩。第一幅《扬州个园之一》(图一),此画的主体建筑居构图的统治地位,用笔干练,明暗关系强烈,细部表达生动,引人入胜。青瓦屋面寥寥数笔形象生动,完全是一种艺术的概括,足见绘画的功力和对中国园林建筑的深切理解。紧贴主体部分的假山用笔流畅而放松,高度展示了作者非凡的专业素质和对整体效果的掌控才能。

第二幅《苏州留园冠云峰》(图二)，这幅画的主角是冠云峰，由于这座湖石假山具备典型要素特征，透、漏、瘦、皱，颜值极高，人们作画时往往会像画石膏一样极尽写真所能，但是钟先生却不然，他的表达重写意、写情，在画面中冠云峰处于视觉中心位置，统领全园并且与周围的园林建筑、树木花草相依相伴，留给人们无尽的遐想，把对中国园林的情怀展现于画中。

图二 苏州留园冠云峰 钟训正绘

第三幅《苏州网师园濯缨水阁》(图三)，濯缨水阁是画中的主体建筑，取景特点是俯视，俯视效果给人一种不同的视觉空间感受，“月到风来亭”与之相伴，处于从属地位，用笔简练，淡淡的线条拉开与主体的空间距离，起翘的屋角使主从之间的建筑语言更加统一。

图三 苏州网师园濯缨水阁 钟训正绘

图四 无锡寄畅园 钟训正绘

第四幅《无锡寄畅园》(图四)，寄畅园其实是一个很小的园林，但是在造园理念上却能整合山水地形，巧妙运用借景手法将惠山、锡山秀色揽入园内，以有限的空间创无尽的意境。钟先生的这幅作品将寄畅园的造园理念表达得淋漓尽致，用笔流畅、洗练、老辣，不愧是精品中的精品。

图五所示的一幅炭笔水彩画《海边》，在炭笔速写后加水彩色而完成一幅画作，虽说画中只加了寥寥几笔土黄水彩色，但强烈阳光下的沙滩和木船质感表达却很生动，是一种可取的作画方法。

图五 海边 葛守信绘

图六 皖南民居 鲁愚力绘

二、钢笔画

钢笔画是建筑师最常用的一种绘画形式，用纸没有特别要求，钢笔更是多种多样，建筑师可以根据自己的爱好选择用笔并采用不同的笔法作画。由于随时随地可以作画，时间又不受限制，因此建筑师常用钢笔画表达设计意图，相互交流设计想法，也因此记录下方案构思的过程，久而久之建筑师养成了以图说事的习惯。因此可以认为钢笔画是建筑师的看家本领。钢笔画的技法并不神秘，实践多了，也就形成了自己惯用的技法，传统的、古老的钢笔画笔法确有一些讲究，经常研习可以提高自己的绘画功力而使自己的钢笔画极具感染力。钢笔画还可以和马克笔搭配，画出光彩夺目的作品，年轻的朋友更是喜欢这种画法，流畅、帅气、强烈！下面介绍几幅不同画法的钢笔画作品。

（一）鲁愚力先生的两幅钢笔画，《皖南民居》（图六）和《桂北民居》（图七）这两幅钢笔画充分展示了传统钢笔画的魅力，功力之深难以言表。作品采用细腻、精准的笔法表达了皖南民居和桂北民居的建筑特色，极具艺术感染力。

图七 桂北民居 鲁愚力绘

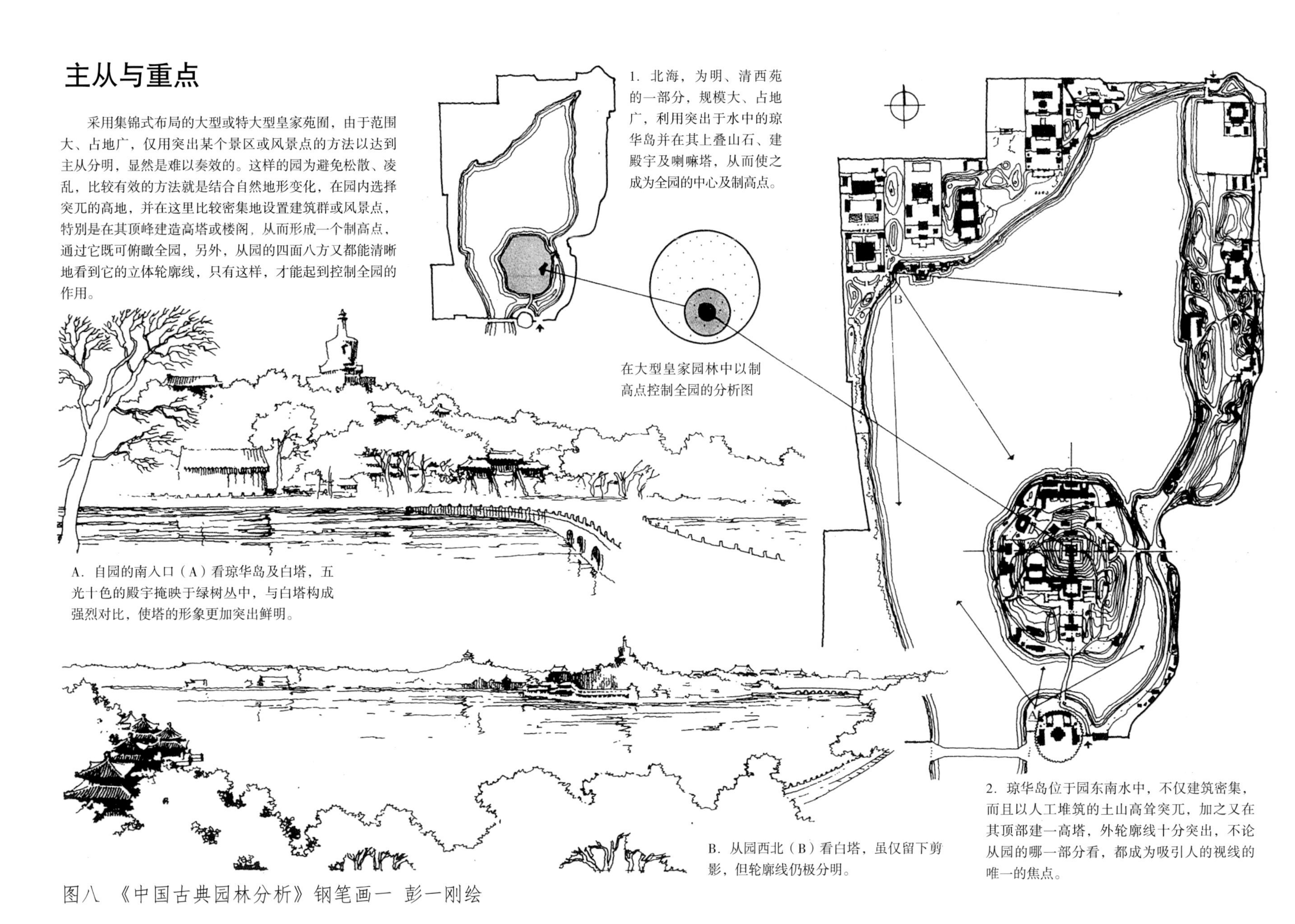

主从与重点

采用集锦式布局的大型或特大型皇家苑囿，由于范围大、占地广，仅用突出某个景区或风景点的方法以达到主从分明，显然是难以奏效的。这样的园为避免松散、凌乱，比较有效的方法就是结合自然地形变化，在园内选择突兀的高地，并在这里比较密集地设置建筑群或风景点，特别是在其顶峰建造高塔或楼阁，从而形成一个制高点，通过它既可俯瞰全园，另外，从园的四面八方又都能清晰地看到它的立体轮廓线，只有这样，才能起到控制全园的作用。

1. 北海，为明、清西苑的一部分，规模大、占地广，利用突出于水中的琼华岛并在其上叠山石、建殿宇及喇嘛塔，从而使之成为全园的中心及制高点。

在大型皇家园林中以制高点控制全园的分析图

A. 自园的南入口（A）看琼华岛及白塔，五光十色的殿宇掩映于绿树丛中，与白塔构成强烈对比，使塔的形象更加突出鲜明。

B. 从园西北（B）看白塔，虽仅留下剪影，但轮廓线仍极分明。

2. 琼华岛位于园东南水中，不仅建筑密集，而且以人工堆筑的土山高耸突兀，加之又在其顶部建一高塔，外轮廓线十分突出，不论从园的哪一部分看，都成为吸引人的视线的唯一的焦点。

图八 《中国古典园林分析》钢笔画一 彭一刚绘

（二）彭一刚先生在1982年编纂的《中国古典园林分析》一书的插图，彭先生为了充分表达中国古典园林的造园特色，将文中所有插图采用小钢笔画绘制，我看了之后大为震撼，不仅因为他有高超的钢笔画功夫，更因为钢笔画与正文配合将中国园林的意境融入到了画中，其意境的表述竟是如此的绝妙（图八、图九）。

疏与密

疏与密的对比与变化，不仅体现在园林建筑的平面布局上，而且也关系到园林建筑的立面处理。例如江南一带的私家园林，建筑多沿园的四个周边排列，人处于园内可以同时环顾四个周边上的建筑，为了破除单调而求得变化，这四个面是不能一律对待的，必使其中一或两个面的建筑排列得很密集，并使其余的面较稀疏，从而使面与面之间有必要的疏密对比与变化。此外，再就每一个面来讲也不可均匀分布，而必须疏密相间，以利于获得抑扬顿挫的节奏感。

1. 均匀排列，缺乏变化和活力，疏密相间，则富有生气和节奏感。

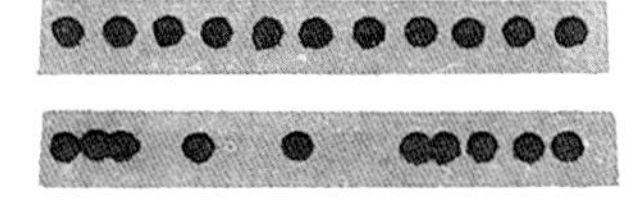

2. 留园中部景区，建筑沿园的四周排列，东部最密集；南部次之；西、北两面则比较稀疏。

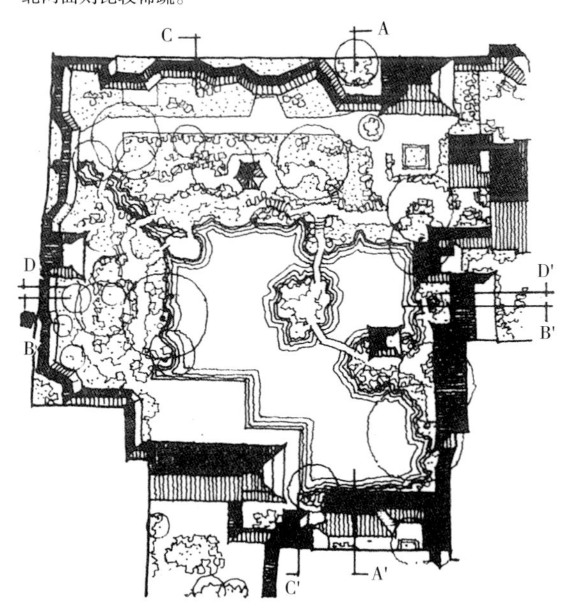

A—A'剖视立面图
建筑最密集；凹凸、起伏、虚实变化最丰富；所形成的节奏快；给人留下的印象最深刻，是四个面中最突出的一个面。

B—B'剖视立面图
建筑不如前者密集；节奏也不如前者快；但虚实、起伏的变化较丰富，处于比较突出的地位。

C—C'剖视立面图
建筑最稀疏；所形成的节奏慢；给人的感觉较松弛、平淡，与A—A'剖面适成对比。

D—D'剖视立面图
建筑较稀疏；所形成的节奏也较慢；能给人以松弛的感觉，在整体中起烘托、陪衬作用。

图九 《中国古典园林分析》钢笔画二 彭一刚绘

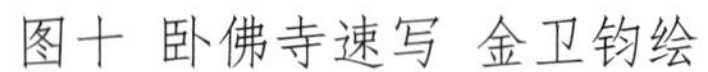

图十 卧佛寺速写 金卫钧绘

图十一 西班牙街巷速写 金卫钧绘

（三）金卫钧先生用钢笔搭配马克笔的建筑画作品，风格清新、流畅，色彩效果强烈极富感染力，特别适合于建筑师的口味（图十~图十三）。

图十二 德国小镇速写 金卫钧绘

图十三 瑞士小镇速写 金卫钧绘

图十四 伊斯坦布尔苏丹阿赫迈特清真寺 吴良镛绘

图十五 山庄春到 汪国瑜绘

三、国画

在中国建筑画中，国画是最年长的画种，但是在中国建筑院校中却没有正式开设国画学科。所以用国画形式表达建筑还很少见，但是，能用国画表达建筑的都是高手，让我们品味一下。

（一）第一幅是吴良镛先生在1990年画的《伊斯坦布尔苏丹阿赫迈特清真寺》（图十四），这是一幅吴先生对于这座寺的解读，见证了伊斯兰文化的古老，那棵巨大的古树更是挺立在寺前，寓意无尽。中国传统的国画有着古朴的表现力，穿越时空的统治力。

(二)第二幅是清华大学著名教授汪国瑜先生的画作《山庄春到》（图十五），简练老辣的笔触勾画了皖南民居特色的建筑局部，流溢出的是作者深厚的建筑学修养和情怀。

（三）第三幅是深圳大学建筑系教授邹明先生的彩墨画《门的独语》（图十六），虽说这只是中国传统门楣的写照，但作者透析了中国传统建筑的博大精深，其绘画作品更是可圈可点，具有专业水准。

图十六 门的独语 邹明绘

四、水彩画

水彩画是一种绘画技巧较高的画种，是用水调和透明颜料作画的一种绘画方式。但调色过多或覆盖过多会使色彩显得肮脏，又因作画过程中水分干燥得快，所以水彩画不适宜绘制大幅作品，只适合画清新明快的小幅画作。水彩颜料多为透明色，故画作中纸的底色往往能透过色彩而获得清新、透明、水分十足的视觉印象。这也许是众多人偏爱水彩画的原因。水彩画在进行大面积湿画天空、水面等操作时，往往因各种不同因素而随机出现一些意想不到的特殊效果，这种偶然性往往是可遇不可求的，一个有素养的画家很善于适时捕捉这种偶然性，因势利导创造奇迹，收获不可思议的成功。也许艺术的魅力就是这样，比如说断臂维纳斯，由于在被发现的地方就找不到那残断的手臂，不少雕塑家为了给维纳斯完善手臂作了诸多努力，却劳而无功，无法取得良好效果。有人怀疑在古希腊雕塑成熟期也许原本就是偶然的断臂，这使人们认同了这样的残缺反而是完美，这尊雕像也正因是断臂达到了艺术的巅峰，成为卢浮宫三件镇馆珍宝之一。

图十七 佛罗伦萨大教堂侧门 杨廷宝绘

尽管水彩画不适合绘制大幅作品，但是在绘制大幅建筑渲染图的时候，用水彩渲染仍然是可行的。幅面大、难以控制的问题甚至可以双人同时操作，就像弹钢琴那样双人配合是完全可以的。有人说水彩画很难表达图像中的材质质感，但我并不赞同这种说法。

为了说明问题，我郑重地选择了三幅杨廷宝先生的水彩画作，尽管画作年代久远，但从中给了我们有益的启示。第一幅《佛罗伦萨大教堂侧门》(图十七)，画中的门框、壁柱、山花中的圣母雕像等石材虽然用薄薄的水彩色绘制，但是石材的厚重感一点也不减，为何?“处处留心皆学问”也。意到，功夫到，就能随心所欲。第二幅《罗马蒂图斯拱门》(图十八)，令人反复欣赏的就是比例、尺度、质感、虚实、空间和光影关系，这都源自于杨先生对意大利文艺复兴时期建筑文化的深刻理解。第三幅《北京北海小西天券门》(图十九)，这是一幅建筑局部的特写，就像写文章一样，小题目、大文章，幅面虽小却把中国传统建筑的博大精深展现在了我们眼前，是如何做到的?那就是用严谨的建筑素养、比例、尺度、质感、文脉等，记录了不朽的民族文化。

图十八 罗马蒂图斯拱门 杨廷宝绘

图十九 北京北海小西天券门 杨廷宝绘

五、水粉画

水粉画在20世纪80年代之后十分走红，究其原因是随着中国改革开放的进程，中国经济得到高速发展，建筑行业一片兴旺，中国大地就似乎变成了一个大工地，昼夜不停地赶工。建筑规划部门忙着项目审批，开发商盯着设计部门加班加点赶报建文本，而建筑渲染图成了“众视之的”，建筑师为建筑渲染图忙个不停，手绘图是大家极为关注的技艺。2000年之后，手绘图才基本被电脑画替代。在手绘图的年代，大部分的建筑渲染图是水粉画，也因此留下了许多优秀的建筑水粉画作品。建筑水粉画的特点在于表达建筑和环境容易取得生动、明朗、强烈的效果，备受大众喜爱。水粉颜色作画的覆盖性能也较好，便于修改，成功的把握更大。但水粉颜料作画应避免多次覆盖造成厚厚的涂层而失去应有的美感，失去艺术感染力。我在初学水粉画的时候，不懂用水粉色的规律，以为：水彩画是用水调色区分深浅，水粉画可能就是调入白色来区分深浅。结果十分可笑，“粉”加多了画出来的效果完全不是自己想象的那样，发灰、泛粉，自己也觉得整幅画“睡不醒”。后来我认识到毛病出在用色，水粉画实际还是靠加水区分明度而加粉则降低纯度。适当加水调和，尽量少加白色或者不加白色才是正路。而真正要画出一张好的建筑画，最重要的是要建立起黑、白、灰的色块概念。所谓黑、白、灰指的是地面、建筑和天空三大色块，地面色块为“黑”，应当有足够深暗的色块，以便烘托建筑主体；建筑主体为“白”，指的是明亮；天空则是“灰”，天空深了会变得阴沉，“灰色”大面更容易表达天空的深远。主体的明亮靠的是对

图二十 东南大学礼堂 葛守信绘

比，也就是说点睛之处必然具备极明亮和深暗的对比，正确的用色才能取得最佳的光影效果。下面介绍三幅依照黑白灰色块规律画出的画。第一幅《东南大学礼堂》（图二十），地面采用深色调，画面显得沉稳，较好地烘托了主体建筑，大礼堂的明暗关系处理增强了建筑的体积感，这是靠明暗对比取得的效果，蓝色天空属灰色块，晴朗的天空色调深浅适度。第二幅《海口图书馆》(图二十一)，采用同样的“黑白灰”色块处理手法，地面色块深而有倒影，明快而有深远效果，较好地烘托了主体建筑，大面积的蓝天使画面取得宁静安然的理想效果 。第三幅《科威特水塔》(图二十二)，主体水塔明暗对比强烈因而光彩夺目，地面深色加强了整体表现力。

中国建筑师的建筑画发展至今已有百年历史，一代代中国建筑师为我们留下了许许多多建筑画精品，印证了中国建筑发展的百年历史。对于中国建筑画的未来我寄希望于年轻一代建筑师的勠力同心，上下求索。

图二十二 科威特水塔 葛守信绘

图二十一 海口图书馆 葛守信绘

贰

画作

PAINTINGS

国内建筑

在我的记忆中，只有晋祠圣母殿的正门（东门）挺立着八根柱子饰有造型各异的蟠龙，十分稀罕，所以我下足了功夫刻画，结果事与愿违，八龙破坏了作品的整体感。我悟出了一个道理：建筑绘画作品不是建筑测绘图，所有细节构件包括檐部、斗栱、额枋、彩画等都不宜作为测绘图绘制，必须进行高度概括，换句话说就是神似为主，形似为辅。

01 晋祠圣母殿

葛守信 2022.710

水粉画的技法有很多，根据具体情况可选择不同的技法。《小雁塔》这幅画看重的是金秋十月秋叶红遍，层林尽染，碧波荡漾，如诗如画的景象，因而选择趁湿作画，最能酣畅淋漓地表达作画的情怀。趁湿作画是一种最普通的画法，先调制所需底色，笔端饱蘸水色涂布，即刻或稍等片刻点绘深彩（水粉色应稍加水分调制），随时把握晕渗效果（可染绘、点绘，但不宜反复磨蹭以保证随机晕渗）。这种画法类似水墨画，即使水粉色多为不透明色，但采用趁湿点绘晕渗，就能取得流畅而生动、水分充足的效果。这幅画中树木在水中的倒影更需要“大胆落笔，细心拾掇”，这就是湿画技法的关键。

02 小雁塔

长城象征着中华民族不畏强敌、自强不息的民族精神，象征着神圣。这幅作品的取景十分重要，将城堡置于仰视位置，建筑的崇高感不言而喻。这幅作品的艺术感染力主要还是靠趁湿作画的技法来实现，强调厚重和润泽。

03 长城

守信 2022.9.

谈到用笔用色，使我想到了唐代大诗人王维，人尽皆知他乃诗中有画，画中有诗。面对瘦西湖春波亭，我想用笔和用色无须多说，提笔画景最重要的是要有诗人的感觉，画家的眼睛。

04 瘦西湖春波亭

《虎丘》这幅画最大的优点主要还是构图、取景和色彩把握。在取景上，有意抬高山门入口，用黄石垒砌的石阶作为引导，进入山门，暗喻虎丘塔的尊贵。山门的红色如果没有变化，或者调色不周都会破坏整体协调，但如何调色并不是瞪大眼睛看得出色素的，这需要懂得蓝天反射的环境效果，才知道该如何调色。我在这里还注意将蓝天反射的环境色“浮在”红墙表面，因而生动。

05 虎丘

《梧竹幽居亭》这幅画之所以引人入胜，关键在于园林建筑及筑园的优异，谓之天生丽质。绘画者只是悟其心智，顺其神采以绘画技巧表达之，故侧重谈谈绘画技巧。

瓦顶的表达，由于是绘画而不是测绘，应把握尺度即可，不必数清瓦有几垄，但瓦顶的造型，质感色彩，光影关系是含糊不得的。

苏州园林建筑与文人绘画不可分，所以在画作中必须讲究与中国画风格相近的画法，比如说，水面中的倒影忽而显之，忽而虚之，清澈润泽，沁人心脾。这就叫作意在笔先。

06 梧竹幽居亭

皖南宏村，体现了徽派建筑特色的白墙灰瓦，马头墙融入青山绿水之中。

07 皖南宏村

《黎寨小山门》是一幅记录黎寨建筑的特写，出于建筑师的本能，画作就是记事本，作为资料记录了竹木绑扎的干栏式建筑结构体系。

黎寨小山門特寫

寅庚年守信於海南

山門之内的黎族聚居的民居
黎族民居有三大特点一是船
形屋似反扣小木船二是茅草
頂三是干栏式竹木捆扎

08 黎寨小山门

《东南大学礼堂》这幅画里，宁静的蓝天寓意宁静的校园。

大树是主建筑的帮衬，不可喧宾夺主。

建筑立面处理是画作的重中之重，大礼堂的形象独具感情色彩，在校仅五年，受用一辈子。主体建筑的穹顶和柱廊又是正立面的核心部位，急需着力刻画，尽可能使铜制穹顶展现出高雅的气质、饱满的轮廓，使柱廊阳光明媚、多姿多彩、生机勃勃，这就是作画的本意。

大片深色地面起着稳定画面的作用，但处理不当则会适得其反。所以在作画时，我有意趁湿连续着色，并使阳光的光斑可以偶发性地闪现出来，局部地面还有隐隐的天光反射，增加了暗部的透气感。

09 东南大学礼堂

北京奥体中心游泳馆，是一组十分优秀的体育建筑。

10 北京奥体中心游泳馆

11 客运港

国内风景

关于冰雪世界该如何表达，这个问题不能一概而论。但任何一幅画都存在写景抒情的意图，而《冰雪渔家》这幅画所表达的是渔家闲适的生活情景。

12 冰雪渔家

《沱江水暖》这幅画耗时并不多，但功夫必须到位。画法如下：心中需要记住柳条是一缕一缕组合起来的，所以第一遍色先画出一缕一缕的体积感，用色需注意面的转折，待干后用紫圭笔蘸明亮的黄绿色画柳叶，边画边拾掇，形成“绿鬓婆娑”的效果。这种画法并不需要花费很多时间。

13 沱江水暖

晨曦的表达应抓住柔和、清冷且有薄雾蒙蒙之感。《孤岛人家》这幅画的色彩倾向是左暖右冷，渐变自然，这就需要运用连续着色的技巧，作画的步骤是由远及近，有序作画，可以预先调好三段色彩备用，即左、中、右三段，暖、中、冷三段。连续着色讲究的是调色的准确和趁湿渐变的“无极转变”，千万不可停滞，并要懂得色彩是在纸面上调和，循序渐变的。即使中途有些不如意的地方也必须一气贯之，一往直前，只有干透之后才能采取弥补措施，弥补的方法因人而异，多种多样。

14 孤岛人家

苇草黄，鹤南望，节令使其然。作品《鹤南飞》刻意压低视点，以表达鹤群南飞、天高云淡、长空万里的壮景。鹤群队形排列很有讲究，头鹤具有领导才能；新生鹤紧跟其后，但新生者天性顽皮，从其飞翔姿态可以体现出来；押后的鹤儿体力虽不如前，但经验丰富，保证了团队的安全。此画用晴空万里，苇草趋黄，烘托了深秋时节的景色特点。

15 鹤南飞

张家界属于丹霞地貌，所谓丹霞地貌是指珙桐红色砂岩经千万年的水蚀，沿垂直节理不断侵蚀崩塌风化所形成的自然地貌，这幅画作因敬畏自然力的鬼斧神工，在用笔上粗放大气，用色上夸张厚重，故而像油画般的用色浑厚，用笔果敢，极具视觉冲击力。

16 张家界

17 张家界外云海

“五岳归来不看山，黄山归来不看岳”。足见黄山在人们心中的地位。黄山有四绝：奇松、怪石、云海、温泉。这幅画的主题树迎客松正是奇松的代表，摩崖石刻虽不是怪石，但极具沧桑感，画中虽无云海，但忽隐忽现的远山，意境非凡，是以表达空间要素为目的的。

18 迎客松

这幅作品描绘的是黄山之上，黄昏之际细雨蒙蒙的景致，在用光和用色上十分讲究。在黄昏时刻，夕阳下沉，细雨朦胧，山色昏暗，唯天空透亮，山峦夹缝中依稀投射出落日余晖，山林静寂，万籁无声，此情此景令人陶醉，笔端顿时生花，细微的色彩幻化出瞬时即逝的场景，留下灵光一闪的瞬间，成就了这幅作品。在技法上，先铺垫天光色，干透后画远山山冈的虚幻轮廓，然后用趁湿连续着色的手法绘制中景山冈，最后画近景树，烘托天光的明亮。

19 黄山雨蒙

在我的记忆中，那些资深的收藏家在看画的时候，总是站在画前一定距离处观看良久，然后凑近仔细察看，甚至掏出放大镜一寸一寸地细瞧。这种行为举止正吻合了我想说的，观赏作品《黄果树瀑布》的步骤：第一步是从整体出发注重空间层次大关系，这好比是看战略布局。第二步是凑近了一个节点一个节点地洞察，有时候还会再后退一步眯着眼睛看半天。这就是鉴赏一幅画作所需做的。

20 黄果树瀑布

守信 2022.4.15.

要逼真地体现黄河壶口瀑布两岸受冲刷的青石质感，先画青石大面的受光面和弱光面，同时刻画坑洼处的裂隙和阴影，待干后用软毛笔蘸土黄色轻柔着色，不要搅动底色。借助土黄色的覆盖差异沉淀出水洼不同深浅的效果。

21 壶口瀑布

22 德天跨国大瀑布

《秋高水静》这幅画中的题词道出了绘画特色，表达了山与水的依存关系，这是大自然的恩赐。这幅画最大的看点当属水的清澈，透明，宁静。要说绘画的技法并无一点玄虚，但是用色的准确，明暗的处理是关键所在。

23 秋高水静

一般来说，绘画还是应该还原实景，创作并不等于心中想什么就可以张冠李戴地忽悠别人。所以这幅画尊重实景，北戴河的山体隽秀，植被茂密的特色是重点描写的对象。北戴河的海滩坡度平缓至极，所以不能随心所欲地妄加夸张，在这里看不见滔滔海潮，有的只是人们在浅滩上踩水。

24 北戴河

西藏，特别是帕隆藏布大峡谷往往给人留下种种神秘色彩，令人神往。我画这幅画，并不想表达神秘仙境，而是要传递一种清新爽朗的自然情怀，洁白的沙坡、红红的秋叶、清澈如镜的湖水就是最好的抒情元素，以此组成构图核心是这幅作品的精要之处。

25 帕隆藏布大峡谷一景

26 神山桃花

守信 2023.3.10

此画用白牦牛和穿着民族服饰的女子表达藏区风情。羊卓雍措是西藏三大圣湖之一，景色独具洪荒粗犷之美，使我萌生了莫名的作画冲动。在西藏，牦牛是财富的象征，特别是白牦牛更为珍贵。藏族姑娘穿着藏袍，骑着白牦牛，徜徉在湖边，是否可谓之女神？

27 羊卓雍措女神

守信 2023.3.13.

风起云涌，雄鹰翱翔，是必要的铺垫，陡峭的山崖以其背光面深暗的色彩作为近景，非同寻常，若处理不当，前功尽弃。因此《山顶气象站》采用了趁湿连续着色的手法，把握深浅颜色的节奏变化形成韵律，恰当地表达了反光面的转折，而使画面生动有力。要做到这一切，还是那句老话“大胆落笔，仔细拾掇”。

28 山顶气象站

为了获得良好的视觉感染力,《林中行》首先要谋划好那光彩夺目的“画眼”在构图中的位置;其次,要组织好树干排列的疏密节奏和韵律;最后,决不要忽视那些窄小光亮的缝隙,这种地方往往是画幅中趣味所在。

29 林中行

《待日出》描绘的只是日出前密云满布的天空，没有赶上日出。这时远近山峦的轮廓都清晰可见，山顶突兀处闪现着高光却有天光的光感，如果是晴天，天光显现鱼肚白，只消片刻红日就会喷薄而出，蔚为壮观。

30 待日出

守信 2021.12.23.

国外建筑

画蓝天白云最讲究的就是生动、润泽，画法可详见本书《日内瓦湖》96页的说明。

《巴黎圣母院》中，树冠色彩的丰富程度取决于微小的变化和设色的谋划，得于心而应于手，这是修养所在。秋天的红叶都需要先有底色（稀而薄）然后趁湿点绘，这幅中树冠色彩的冷暖交替恰到好处。而艳丽的橘红色是配合主体建筑的受光面设置的，所以说画树绝不是孤立进行的，树也是一个角色，好的配树是可以获得配角奖的！这里顺便强调一下，巴黎圣母院的东端飞扶壁构件上的阳光色彩处理恰到好处，将建筑艺术的美感表达出来了。所以，一个建筑师画建筑不光要画得像，更重要的是画出建筑的魂、建筑的神，为此无所不用其心、无所不用其极。

31 巴黎圣母院

守信 2022.9.12.

我认为选址于半山腰，与山体环境融合是构思的要点，不与山体争高下是极为明智的。《新天鹅堡酒店》这幅画中浅淡的建筑色彩在山崖和树木的映衬下更显光彩夺目、尊重自然，建筑造型与山体协调是一种相得益彰的做法。

32 新天鹅堡酒店

《瑞士小镇》只展示了小镇的一角，统一而富有变化的住宅群落沿河蜿蜒布置，川流不息、波光粼粼的河水给小镇注入无尽的活力。河水的画法采用趁湿作画和干接并重的手法，由于用色大胆豪放，所以效果强烈，画面顿时生动起来。

画面右上角的相思树看似一笔一笔画起来很费功，其实不然，先用浅灰蓝色画树冠一撮撮的大致形状，不待干透即用扇形笔蘸所需深灰绿色顺着叶片走向点画，随时注意留空并根据叶片的疏密调节深浅，大致成形后则用紫圭笔拾掇一组组叶片的边缘形态直至满意，最后画出细小树枝，适可而止。

33 瑞士小镇

德国也有类似我国张家界的丹霞地貌。

这幅风景画取景的特点是从高空俯视，故空间广阔，层次丰富，气势恢宏，这得益于取景的水平，这幅画的主景是近景，是由丹霞石峰半围合的群峰组成的，背阴面的林木和洒满阳光的丹霞石峰构成的阴阳互补景观，极具观赏价值。由此可见，一幅好画必须依靠高超的鉴赏能力。

34 德国版“张家界”

守信 2022.12.11.

阿尔卑斯山脉横贯欧洲几个发达的国家：法国、意大利、瑞士、列支敦士登、德国、奥地利和斯洛文尼亚。在阿尔卑斯山区分布着诸多风格典雅的豪宅，建筑以山为依托，一种恬适的心情令人顿生画意，于是画了此幅初雪景象的《阿尔卑斯山脚》。阿尔卑斯山因季节转换，千姿百态，六七月份的阿尔卑斯山顶积雪犹在，山腰积雪消融，牛群散布在山腰草坡上，大片的针叶林郁郁葱葱，着实令人陶醉。

35 阿尔卑斯山脚

这是阿尔卑斯山深秋的景色，山冈、雪坡、针叶林与阔叶林穿插交融，色彩缤纷，十分壮美。绘画按步骤有序进行，由远及近，有充裕时间思考、作画，建筑留到最后完善。深秋时节阔叶林呈橘红、橘黄色，采用湿画法作画，暖色部分可先铺底色再趁湿点绘冷色，与暖色混合绘制，使之成为色彩丰富的红叶树林而极具观赏性。

36 阿尔卑斯山深秋

37 布达佩斯市政厅

《布达佩斯市政厅》这幅画中，天空采用了水粉颜色湿画的技法，用300克水彩纸裱紧，为湿画做准备。起稿后先用绘画留白画纸带贴边，后用中号板笔在天空部分涂擦清水，将事先调好的乌云按需涂布，使其渗晕。可晃动画板随心愿流动，渗晕达到满意效果后放平画板待干。此时不可随便触动沉淀的色彩，以免导致失败。水面的画法是按照光影关系画倒影的，第一次铺底色，趁湿上第二次色，这是关键的一步，画出倒影的大致形态，等干后（或没干但可控）用小笔画出波纹即可。

《日内瓦湖》这幅画的第一步是画天空。由于天空的云朵走势生动、富于变化，可由左至右用连续着色法由深变浅留出云朵，作画要快、果断，必须在未干时进行，千万不要在将干未干时触动底色。待干后用白色画云，可用搓揉的笔法在蓝天、白云交界处有序进行，之后画出云的浅淡体积，循序向右推进，不可东一榔头西一棒子，要使白云画得非常润泽，才能达到观赏效果。画云的过程一定是义无反顾地趁湿连续作画。搓揉的笔法十分适用，且水分控制是关键，干与稀的把握要随机应变，只要不停顿，时间是够用的。

第二步是画远山。特别类似云的画法，只是要注意低矮的云雾画法。

第三步是画背景山。自左至右连续着色，有控制地趁湿作画，注意山体色彩变化，特别要注意山体底部的空气感。

第四步是画建筑群落。可以采用拆分画法，一个段落一个段落地分段完成，建议先画中段，然后向左右推进，每段的接合处以绿树衔接。

第五步是画水体。水体只要是由左至右有深浅变化和隐隐的光影变化即可，这里不需夸张，以免破坏整体效果。

第六步是画跳板。注重质感即可。

38 日内瓦湖

《边境小教堂》是用一种硬鬃毛制成的笔——扇形笔，笔尖扁平，修成扇形，蘸颜色顺着草地的脉络点绘而成，深浅由之。换色也不必洗笔，只要在抹布上蹭擦后换色。具体着色先打底色不待全干就可用扇形笔点绘，快捷省事，质感厚重，上手就会操作，画草、画树丛、画远山上的林木均得心应手。这种画笔还可拓展多种画法。

39 边境小教堂

虽然流水别墅建成至今已逾百年，但是因为这个设计实在太伟大了，它的构思极其精妙，令人不由得还想为其作画。我在当学生的时候就曾听过罗小未先生为流水别墅所作的精彩演讲，时过经年，科技飞速发展，时髦理论一波接一波地兴衰，唯有对流水别墅的溢美之词从不间断。流水别墅的设计构思和对建筑与环境相辅相成的洞察力，令人折服，为了重温这旷世之作的精妙构思，学习其空间尺度的把握，我重温了此画。

40 流水别墅

这幅作品画的是美国纽约市昆斯的森林山花园，其设计受到霍华德田园城市理论影响，如今仍然受人赏识，也足以印证了田园城市理论的生命力。

41 森林山花园

科威特水塔曾获阿卡汗建筑奖，获奖原因在于简洁朴素的球形水箱外表由蓝、绿、灰三色搪瓷钢盘挂装而成，在阳光照射下光彩夺目，不由得唤起人们对伊斯兰文化的联想。我认为民族文化、民族形式的传承不一定要强调建筑造型的趋同性，但建筑包含的民族文化传承才是最高境界。

42 科威特水塔

这幅画是1982年我在桑给巴尔画的小稿，画中的古堡曾经是奴隶转运站，古堡是用珊瑚礁石、石灰和红黏土混合成三合土垒筑而成，具有历史价值，只可惜年代久远，古堡建筑已经摇摇欲坠，如不加以保护必将崩塌。

43 桑给巴尔古堡

国外风景

构图是画作表现力的基础,《汽车小旅馆》这幅画存在天、地分界线——一条斜坡线，这一特征注定了构图均衡的问题是主要矛盾，利用高大的树木作为平衡元素可取得均衡的效果。在色彩处理上，深绿色的草坡地是画幅稳定的必要条件，红瓦顶的小旅馆体积尽管很小，但地理位置凸显，极具表现力，这幅画用简约的表达方式取得了不一般的视觉冲击力。

44 汽车小旅馆

《昆士兰海滨》作画的第一步是取景。有人说一个好的取景是成功的一半，取景要考虑到构图关系、明暗关系、色彩关系等诸多要素，是立意的基础。这幅画的取景由密林中透射大海、蓝天、波涛、沙滩，油然而生一种热带风光的情怀；在起稿、铺色时贯彻了取景的总体思路，有了深刻的“第一印象”，就易于一步一步地运用各种技法，把握重点，突出特色；最后一步是恰当取舍，细心拾掇，完善收工。

45 昆士兰海滨

守信 2022.8.30.

画夕阳需要把握冷暖色的交互融合，把握住过渡色。《桑给巴尔夕照》这幅画是参照四十年前我在桑给巴尔海边画的水粉画小稿绘制的，当时用的是水粉纸，幅面又小，所以很顺手，夕阳气氛很浓。现在我用水彩纸作画，幅面大了很多，但是画法上基本相同。夕阳色彩的表达技巧并不难掌握，但要真正画好，画出品位来，靠的是艺术修养和心智。这幅画沿用了由左及右趁湿作画的手法，再由上而下画云层时，切勿心急，重要的是保持明亮光带的洁净，留出来后期处理。冷灰色不受光的云带与橘色受光云带的衔接靠的是连续着色，因为面积小，动作无须太快。云层与海平面的衔接水平线不可太清楚，模模糊糊即可，海面只须重点表达受光的波涛即可，无须花许多手笔。照不到阳光的地面只需用极深的色调趁湿表达，泛出沙土和少许水洼，用色用笔适可而止。画中右侧一组大树是这次作画的新得、心得，我突然发现树干间的细枝叶片是烘托夕照有效的部位，最能强化夕照的光感，当然，树干上照射的夕阳光影也是很重要的。

46 桑给巴尔夕照

绘画的感染力来源于画家的构思。停泊在港池中的游艇由近及远，消失在远方，其实并不具有感染力，但是绘画就不同了，《游艇码头》抓住了明暗关系和色彩关系，赋予了作品的生命和活力。强烈的明暗对比使游艇跃然纸上，明媚的阳光强化了视觉冲击力，深蓝色的海水荡漾着游艇闪烁的光彩，于是吸睛的效果油然而生。所以说，绘画需要构思，绘画需要预判。

47 游艇码头

方案渲染

这幅画描绘的是为海南福山油田设计的办公楼，设计强调适应海南热带亚热带气候的构思方略，强调遮阴和通风，在建筑的公共空间部分引入自然风以节省能源。这幅画从裱纸、起稿到完成只用了一整天时间，入选1995年全国建筑画展并收录在1995年度《中国建筑画选》首页。

这幅作品在蓝天白云的画法上与本书《日内瓦湖》的技法是一样的，只是在白云的描绘上姿态张扬，与生动别致的建筑造型十分契合，所以说白云形象还应该适合主体建筑形象。

48 福山油田办公楼

《海口长堤路规划》这幅画作由于赶工的需要，从裱纸、起稿到完工只用了一整天，是如何做到的？

画天空和远景只用了半个小时，这是湿画法画云天省时省工的结果。画建筑要有科学的作图程序，由远及近一个体部一个体部地进行，一次过，远处的体部必须虚化、体积化，这不仅省时，还具有深远感。近处建筑应先画窗孔后画墙体，这样的程序可以使窗洞画得十分规整细致，而且连墙体的厚度都能从容表达，“程序不可乱”，一遍过是加快进度的诀窍。我在画完钟塔和右侧临街建筑后，只用了四小时左右，然后画堤岸、水面，吃过晚餐有充裕的时间刻画游艇，如此做法不仅画得快，图面效果也十分诱人。

这幅画入选1991年全国建筑画展，并被收录在1991年《中国建筑画选》首页。

49 海口长堤路规划

《海口图书馆》这幅画正是正确把握黑、白、灰色块处理的最佳范例。入口处往往是最需要给人眼前一亮的地方，只有强化明暗对比和色彩变化，才能达到预期效果。在入口门廊处白色弧形墙体与门廊空间的落影形成强烈的黑白明暗对比，而玻璃外墙透视出夸张的室内灯光，在色彩对比上十分抢眼。

地面所占比例虽然不多，但由于色彩明暗的剧烈变化和倒影的若隐若现，拉大了距离感。

50 海口图书馆

《海口国际培训大厦》这幅画是1995年刊载于《建筑画》第20期上我的文章《水粉云天湿画法》一文中的插图，文章中详尽表述了水粉云天湿画法的精要。

51

海口国际培训大厦

画《三亚长城大厦》这幅画时，耗时虽不长，但需要的是真功夫。所谓真功夫是指技法的成熟。我在这里重点介绍背景湿画技巧和玻璃幕墙绘制技巧。

背景趁湿作画，必须记住：大胆落笔，胸有整体，色泽润畅，一气呵成。在这幅画中背景用时不到一小时。

弧形玻璃幕墙在整幅渲染图中是最出彩的部分，我用了自制的绘图工具，十分顺手。选择60度三角板用强力胶粘牢三个与三角板同质的有机玻璃腿，做成架空三角板，作画时笔杆可以贴靠架空三角板的边沿，拖动画笔就可以画出笔直的线条或色带，这幅画就是用我自制的架空三角板绘制玻璃幕墙的。作画时一定要有条不紊地画出玻璃幕墙的转折变化，特别关注高光部分，待干后画出映射在玻璃幕墙中的图像。

利用架空三角板画直线条的诀窍，画细直线需用紫圭笔，它是一种弹性极佳的类似鼠须的细毛笔，由于其蓄水量受限，画一根长线，时常中断，我想到一个绝招：蘸色后在笔毛根部点适量清水，借助清水微压，顶进色浆下渗收到奇效，可以细线而不断。

52

三亚长城大厦

图书在版编目（CIP）数据

信笔抒怀：葛守信城市建筑绘画 / 葛守信著. —
北京：中国建筑工业出版社，2023.12
ISBN 978-7-112-29367-4

Ⅰ.①信… Ⅱ.①葛… Ⅲ.①建筑画—作品集—中国
—现代 Ⅳ.①TU204.132

中国国家版本馆CIP数据核字（2023）第233460号

参编人员：屈培青　朱原野　徐健生　王琦　葛睿婷　宋超　张柏谚
画稿摄影：宋超
责任编辑：费海玲　王晓迪
文字编辑：张文超
责任校对：王烨

信笔抒怀　葛守信城市建筑绘画
葛守信　著
*
中国建筑工业出版社出版、发行（北京海淀三里河路9号）
各地新华书店、建筑书店经销
北京锋尚制版有限公司制版
北京富诚彩色印刷有限公司印刷
*
开本：850毫米×1168毫米　1/12　印张：11⅓　字数：245千字
2023年12月第一版　2023年12月第一次印刷
定价：**188.00**元
ISBN 978-7-112-29367-4
（42091）